U0321442

纯粹手绘

室内手绘
快速表现

（白金超值版）

连柏慧 编著

机械工业出版社
CHINA MACHINE PRESS

本书共分6部分，分别是：线、构图、空间示范、色彩示范、方案表现及作品欣赏。本书是作者多年教学方法的总结，通过对表现技法的介绍以及大量作品举例，使读者能够快速而准确地表现设计空间。

本书可供室内设计、建筑设计、景观设计等专业的从业人员以及对手绘感兴趣的读者阅读使用。

图书在版编目（CIP）数据

纯粹手绘：室内手绘快速表现：（白金超值版）/连柏慧编著. —2版. —北京：机械工业出版社，2017.1
ISBN 978-7-111-55772-2

Ⅰ.①纯… Ⅱ.①连… Ⅲ.①室内装饰设计—建筑构图—绘画技法 Ⅳ.①TU204

中国版本图书馆CIP数据核字（2016）第313747号

机械工业出版社（北京市百万庄大街22号 邮政编码100037）
策划编辑：关正美 责任编辑：关正美
责任校对：刘雅娜 封面设计：张 静
责任印制：李 飞
北京利丰雅高长城印刷有限公司印刷
2017年3月第2版第1次印刷
285mm×280mm·10印张·188千字
标准书号：ISBN 978-7-111-55772-2
定价：79.00元

前言

　　在现代化高速发展的今天，设计学不仅成为艺术学派中最具商业价值的一门学科，而且从学派艺术中脱离出来，开始慢慢讲究效率和方法。设计学不像艺术创作那么单纯直接，它的科学性和发展性逐渐比它的主观创作更具价值。在发达国家，设计学的水平高低已成为衡量当地文明发展水平的重要标准。在这样的一个背景下，我国的设计领域也有了长足的进步，当代设计师在当前应如何完善自身专业水平已是一个亟需解决的问题。

　　现在我们在设计创作的过程中掌握的方法和手段越来越多元化，其中快速表现作为一种主要的设计手段，已慢慢被社会需求认可。无论是建筑设计还是室内外设计，快速表现都是在设计推敲的过程中和在正式出计算机效果图之前设计沟通的重要手段。设计概念阶段的头脑风暴、灵感和信息都是瞬间一闪而过的，草图的快速表现可记录设计师的思考过程，慢慢积累设计深度形成概念雏形；概念确定和平面完善后，空间和建筑的形体推敲也是通过快速表达的语言来进行设计探讨和比对的，最终在多种可行性的空间分析中寻找适合项目本身发展的空间形态。

连柏慧

目录
CONTENTS

线

快直线画法

初学者的线条：不流畅，呆滞，轻重把握不到位，下笔犹豫不决。

快线首先要做到流畅，快，轻，稳。

● 方法：

手腕不能单动。因为它的方向是弯的，手腕与手臂要一起动。下笔时先来回拉两下。

行笔要快、轻，行笔时不能存有太多的思维。肯定一点，手腕与手臂一定要保证平行，停笔不要马上提笔，要来回稳两下。

抖线画法

抖直线的画法（草图用线）

● 好处在于容易控制好线的走向和停留位置，比如用快直线去画一条长的线，因为速度快，容易把握不好走向和长度，导致线斜、出头太多等情况。抖线给人感觉自由，休闲，力强一些，将直线和抖直线想像成吉他线。快直线相当拉紧了的线，抖线相当于未拉紧的线，给人休闲之感，因为它的速度没有直线快。所以在走笔时有时间思考线的走向和停留位置。

● 画法大、中、小抖线（图例）

大抖：行笔2秒时间，加上手振。抖浪较大，一段100mm的线，抖动而成的波浪形线的波浪数在8个左右为好，量小，浪长，在于流畅，自然。

注：不可像画图案一样（要做到有形而没形，没形而有形）。

中抖：行笔3秒时间，加上手振。抖浪较小，一段100mm的线，抖动而成的波浪形线的波浪数在11个左右为好，浪中小，在于流畅，自然。

注：不可像画图案一样（要做到有形而没形，没形而有形）。

小抖：行笔4秒时间，加上手振。抖浪较小，一段100mm的线，抖动而成的波浪形线的波浪数在25个左右为好，浪中小，在于流畅，自然。

注：不可像画图案一样（要做到有形而没形，没形而有形）。

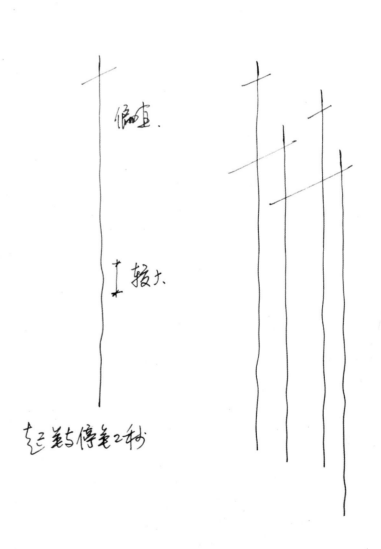

构图

如何构图

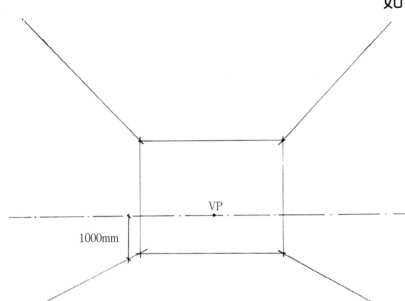

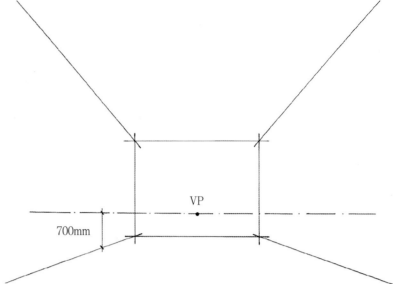

　　视平线高度以1000mm为好，适合表现家居空间，让空间更高、更宽阔，视点太低会显得空间过高，容易让人产生错觉，如果视点定得过高，见到物体的顶面会太多，这样交代的东西也变为复杂，低视点、物体的顶面表现要简单些。

　　视平线高度以700mm或更低为好，适合表现公共空间。让空间显得更高、更宽阔。

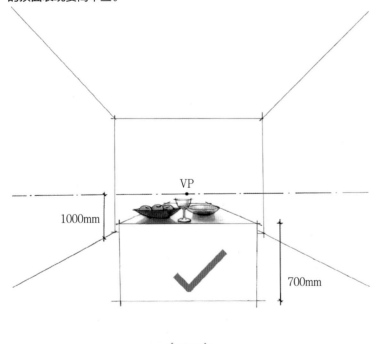

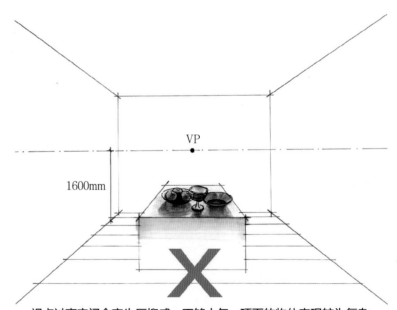

视点过高空间会产生压抑感，不够大气，顶面的物体表现较为复杂。

局部放大
这样的视点物体容易表现

局部放大
这样的视点物体难于表现

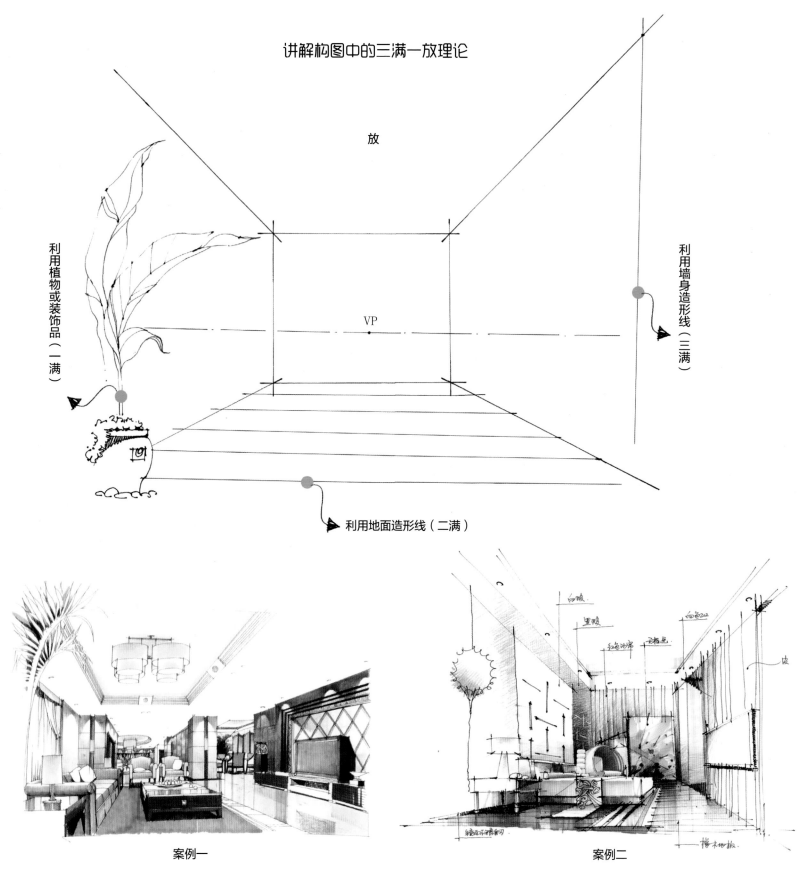

讲解构图中的三满一放理论

放

VP

利用植物或装饰品（一满）

利用墙身造形线（三满）

利用地面造形线（二满）

案例一

案例二

三满一放的构图方法，很好地表现了空间的整体性。

空间示范

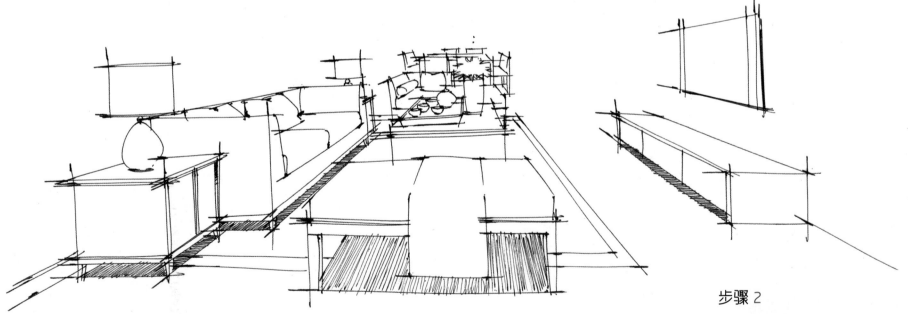

步骤·1

　　这是一套中式风格的设计空间，我们平时要多收集中式或欧式之类的软装饰品，经过多次练习单体与组合之后，将所有的形态做到可以背下来，这样我们就可以更好地去表达我们的空间。

方法

　　先画最前面左边的角几，接着画沙发与茶几，越往后的物体下笔时越要轻快一些。

步骤 2

　　先将方案想好了之后，有了构思草图，接下来就是对着我们构思好的空间，直接表现原有的想法就行。

步骤 3

　　快速表现是分析、临摹、默写的一个练习过程，是对所有的软装饰品长时间的练习，且对空间透视、比例、结构了解后所产生的手与思维完美结合的商业艺术。

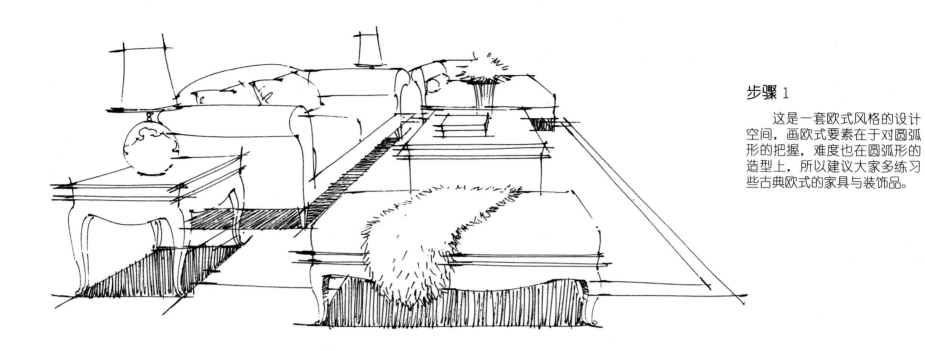

步骤 1

这是一套欧式风格的设计空间，画欧式要素在于对圆弧形的把握，难度也在圆弧形的造型上，所以建议大家多练习些古典欧式的家具与装饰品。

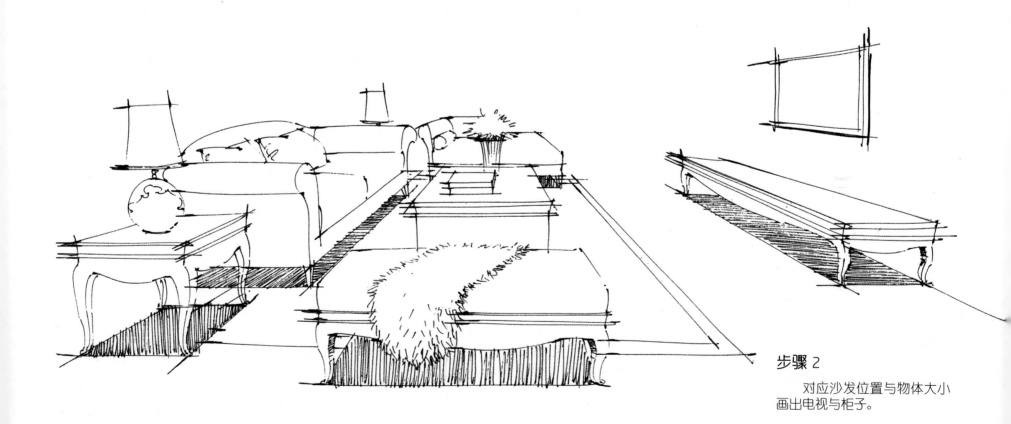

步骤 2

对应沙发位置与物体大小画出电视与柜子。

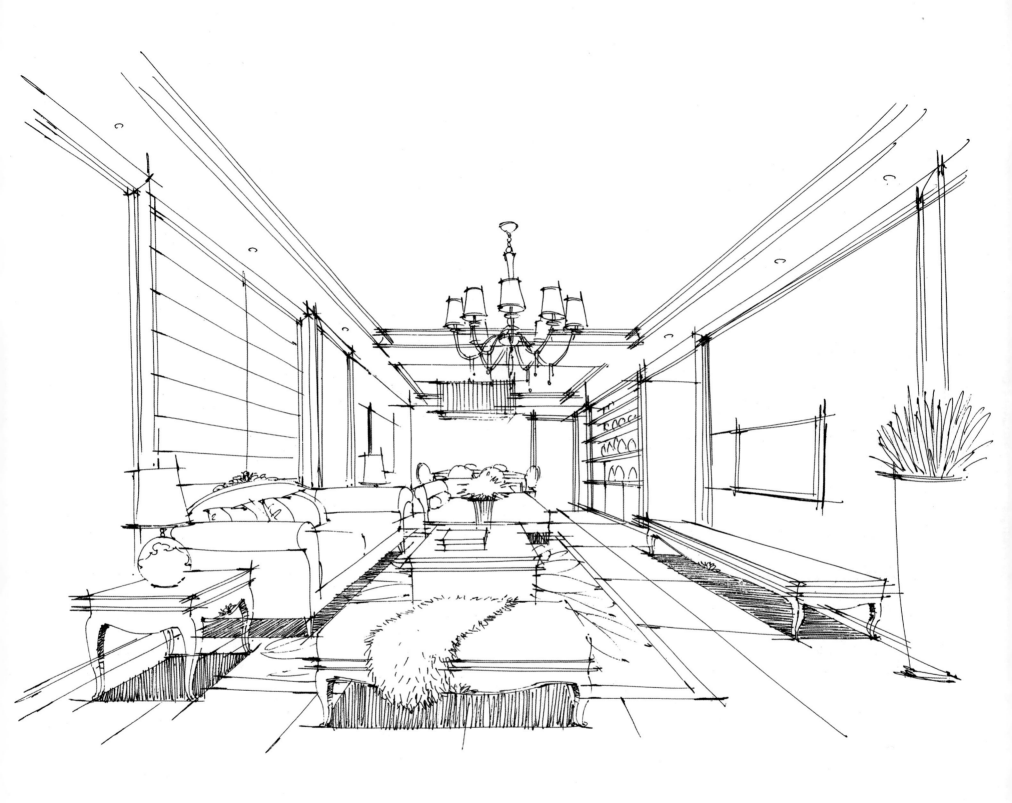

步骤 3

    餐厅组合透视与大小比例参考沙发的尺寸来表现，墙体的比例是通过物体与物体之间的比例参考来完成的。

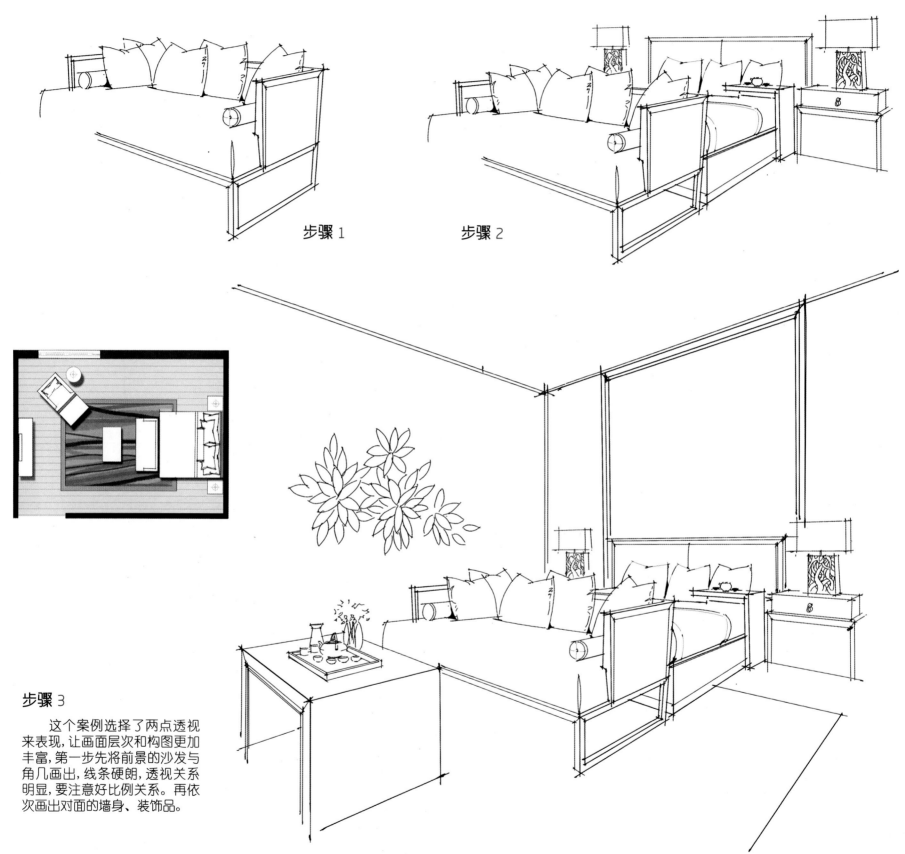

步骤1

步骤2

步骤3

这个案例选择了两点透视来表现，让画面层次和构图更加丰富，第一步先将前景的沙发与角几画出，线条硬朗，透视关系明显，要注意好比例关系。再依次画出对面的墙身、装饰品。

步骤 4

      最后增添一些细节与装饰元素,此图用两点透视进行表现,要特别注意透视的正确性。

步骤 1

在纸面中间偏右，先将前面的餐台组合表现，这一步很重要，要准确地把握好透视与比例的关系。视点高度定在1米，吊灯根据圆台的中心向上画。

步骤 2

将主墙根据餐台组合的高度来推出3米的高度，从左墙开始画到右墙，注意明暗调子不要太重，要与前面的物体拉开。

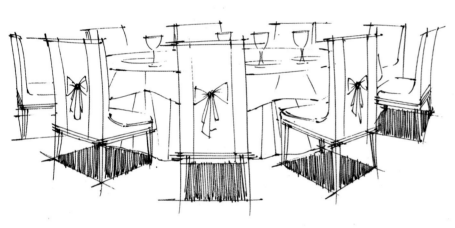

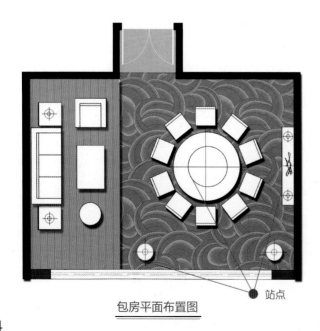

站点

包房平面布置图

步骤 3

　　以较轻的线表现出沙发组合区，行笔力度要轻快。将空间前后关系拉开。最后将每一个局部细节深入刻画，调整好画面整体的明暗关系，此图的左边虚化，突出右中间的餐台组合主要位置。

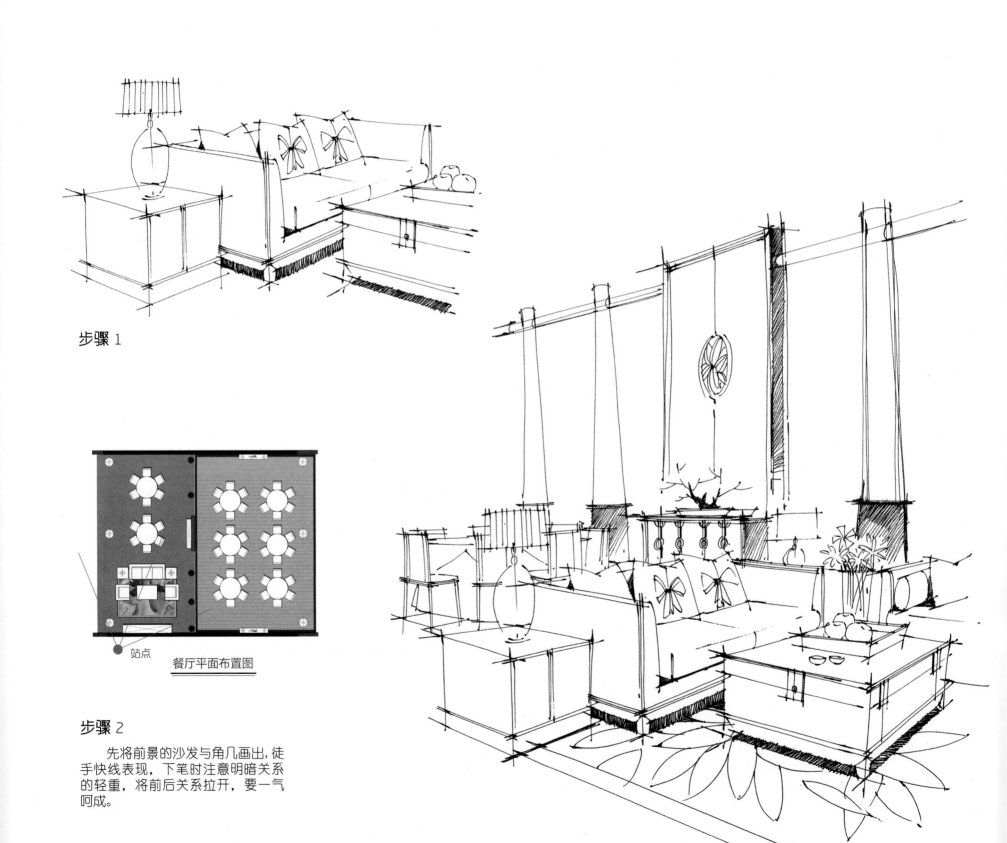

步骤 1

餐厅平面布置图

站点

步骤 2

　　先将前景的沙发与角几画出，徒手快线表现，下笔时注意明暗关系的轻重，将前后关系拉开，要一气呵成。

步骤 3

    画后面的物体与墙身时，因为要考虑不要抢过前面的组合，所以画的时候可以省去一部份，最后进行整体调整。

马克笔和彩铅画法

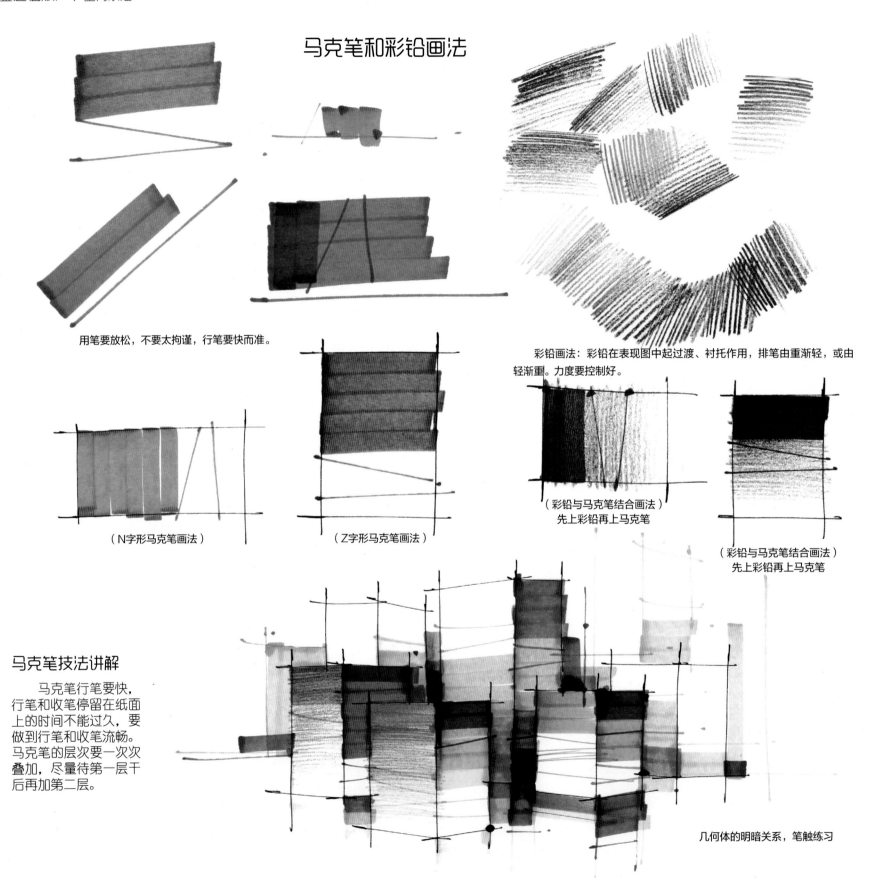

用笔要放松，不要太拘谨，行笔要快而准。

彩铅画法：彩铅在表现图中起过渡、衬托作用，排笔由重渐轻，或由轻渐重。力度要控制好。

（N字形马克笔画法）

（Z字形马克笔画法）

（彩铅与马克笔结合画法）
先上彩铅再上马克笔

（彩铅与马克笔结合画法）
先上彩铅再上马克笔

马克笔技法讲解

马克笔行笔要快，行笔和收笔停留在纸面上的时间不能过久，要做到行笔和收笔流畅。马克笔的层次要一次次叠加，尽量待第一层干后再加第二层。

几何体的明暗关系，笔触练习

马克笔笔法案例（局部）

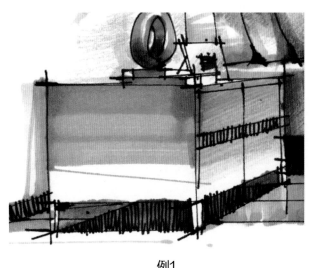

例1

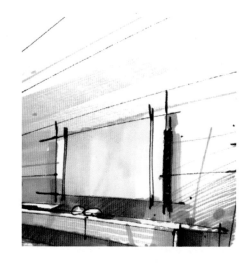

例2

例3

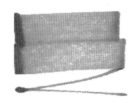

Z字形马克笔画法

出笔时用力往下压，行笔要快

头重尾轻形马克笔画法

下笔要快，用在虚实明显的位置

N字形马克笔画法

出笔时用力往下压，行笔要快

画面虚实关系

很多初学者在画面时，分不清虚实关系和空间层次。下面讲解一下物体之间的虚实关系。空间的虚实关系如下：

（1）当一个物体与另一个物体相撞时，相撞之间就会实。详见图例1和图例2（红点的地方是物体之间相撞出现较实的位置）。

（2）空间的整体虚实关系。

方法一：从内往外虚（图例3和图例4），将内空间层次加重，慢慢向外虚。

方法二：从外往内虚（图例5和图例6），将前景的物体和色彩深化表现，远景以灰色调虚化。

图例1

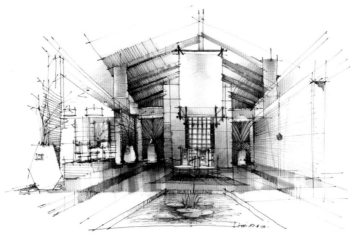

从内往外虚（图例3）

从外往内虚（图例5）

图例2

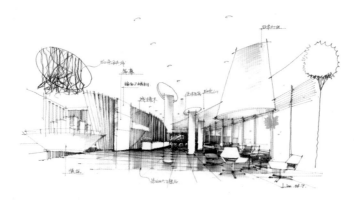

从内往外虚（图例4）

从外往内虚（图例6）

色彩示范

2015.1.7

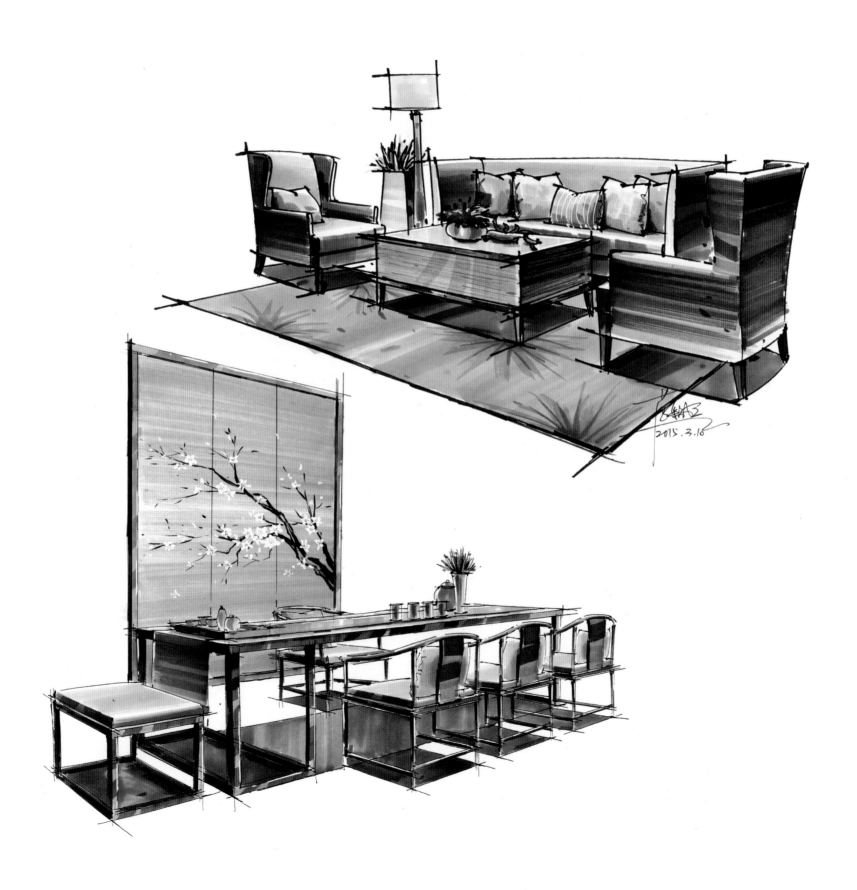

2015.3.10

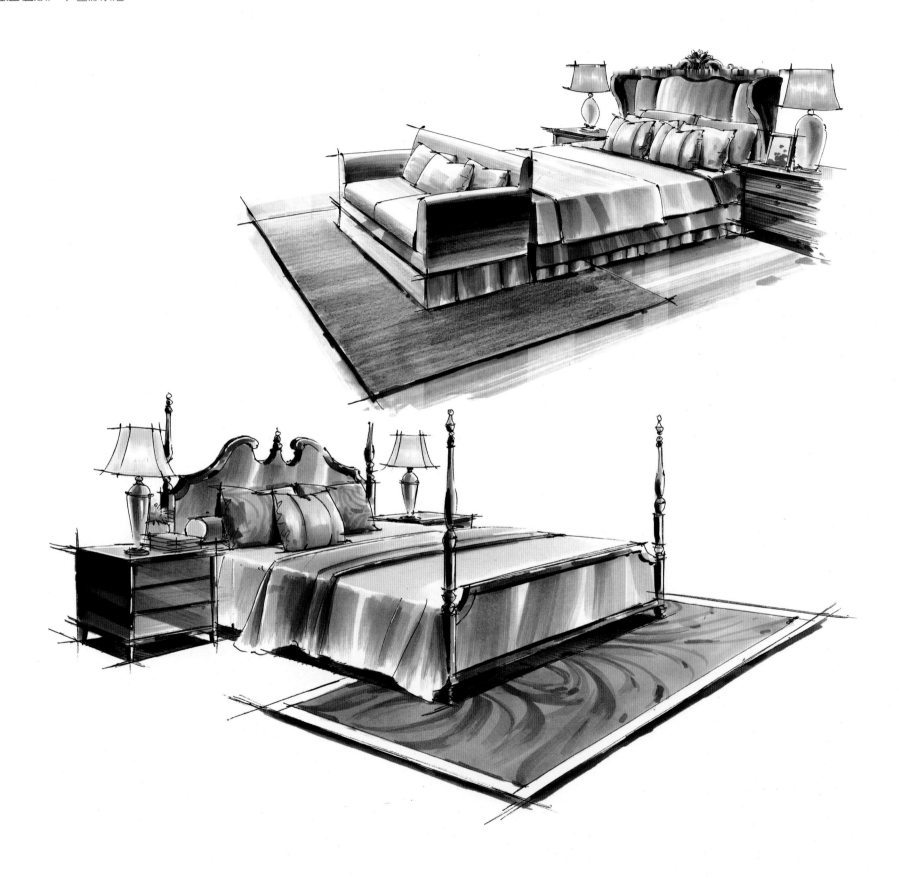

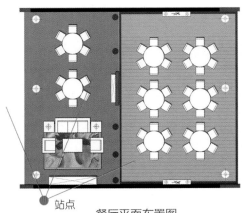

站点

餐厅平面布置图

层次

选0.5自动铅笔表现，更方便在明暗关系层次上的表达，先淡后重，用俊朗的空间印象,我们可以大胆地通过明暗关系来体现,强烈的对比关系可以加强转折面与转折面之间的对话。

色彩

　　先从前面的物体开始着色，先淡后重，第一层铺色笔触不要太快，一层层加重，在第二层着色时，笔触相对快一些，主材的木质感和明亮灯光的温暖色感，与周围材质成对比色，红色的茶几构成了画面的主色调，灰色与土黄色的沙发，让画面更加饱和丰满。

主次

前面的沙发组合着色之后，根据空间的前后关系，后面空间选色时，色相不要太鲜艳，让前后的主次关系拉开，马克笔跟着屏风透视的方向运笔，先大面积着色，最后一层用重一点的同类色加重几色，将明暗关系拉开即可。

色相

天花与墙身选用淡黄色与马克笔着色，墙身笔触从下往上画，马克笔的水尽量要饱和一些，注意要留白作灯光效果。

李柏桦

2013.11.23.

细节深化

最后一步，将前后关系的明暗、纹理、灯光感整体加强，让画面更加饱和丰满。

37

中式韵味

  重点渲染的地方应细致刻画，逼真生动地描写让主要的画面内容从丰富的层次中跳出来，才是画面控制成功与否的关键。

中式样板房空间表现

　　会客厅设计选择两点透视表现，视点高度在1.3米，方便前后的物体表达，步骤是先将前面沙发组合画出来，然后画左边大门，接着画右后边沙发。注意线的轻重关系，工具是自动铅笔。

样板房平面布置图

上色步骤 1

最前面的角几木饰面选择用马克笔着色，注意光的留白，层次是从淡到深一步一步加。沙发组合布艺材质选用马克笔将沙发大面积渲色，冷暖的色调微对比，让空间更加层次多变。

上色步骤 2

　　木饰面门选择用马克笔，笔触要快、淡、准、不要画出边，天花板选择WG2整体着色，笔触要快准。大理石墙身横向行笔，最后一层加上少量的彩铅作灯光点缀色。

41

样板房客厅 · 局部

三亚别墅平面布置图

上色步骤 1

　　这是一个黄昏别墅设计表现场景，所以第一步先从黄昏的色彩开始着色。先选择淡黄色往横向运笔，要快和轻薄，将建筑物受光的位置也画上黄色光感，接着选择淡紫色作层次变化。

43

空间质感

俊朗的空间印象，我们可以大胆地通过明暗关系来体现，强烈的对比关系可以加强转折面与转折面之间的对话，让空间更具生命力。

上色步骤 2

　　将固有色一步步加深，色彩越重，色相越要灰一些，不要选择色相艳的在暗部，将前景的植物刻画出更多的细节，如小鱼戏水、荷花的美感，远景的山与树则可淡化而整体一些。

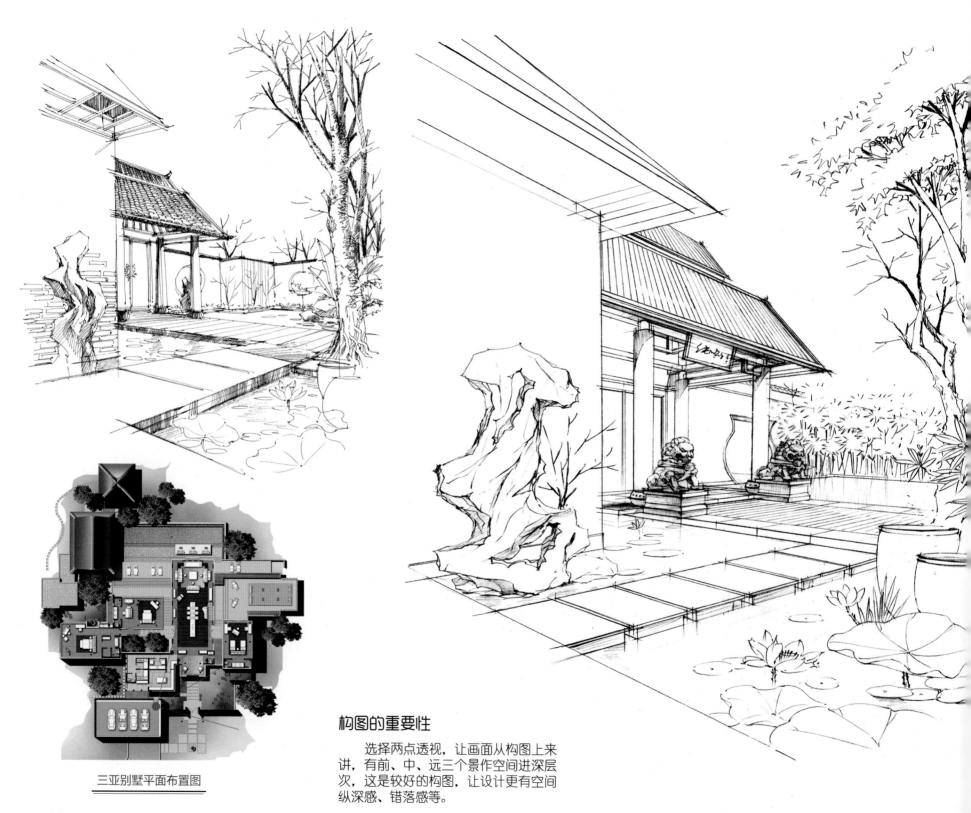

三亚别墅平面布置图

构图的重要性

选择两点透视，让画面从构图上来讲，有前、中、远三个景作空间进深层次，这是较好的构图，让设计更有空间纵深感、错落感等。

意图要点

    体现一个有诗意和休闲的生活场景。
    从一个细节开始到一个笔触都要细细品味与渗透到画面其中，因为手绘是要为了设计而表现，什么样的设计意图，就用什么样的表达方式来体现而不要单纯的技法表现。

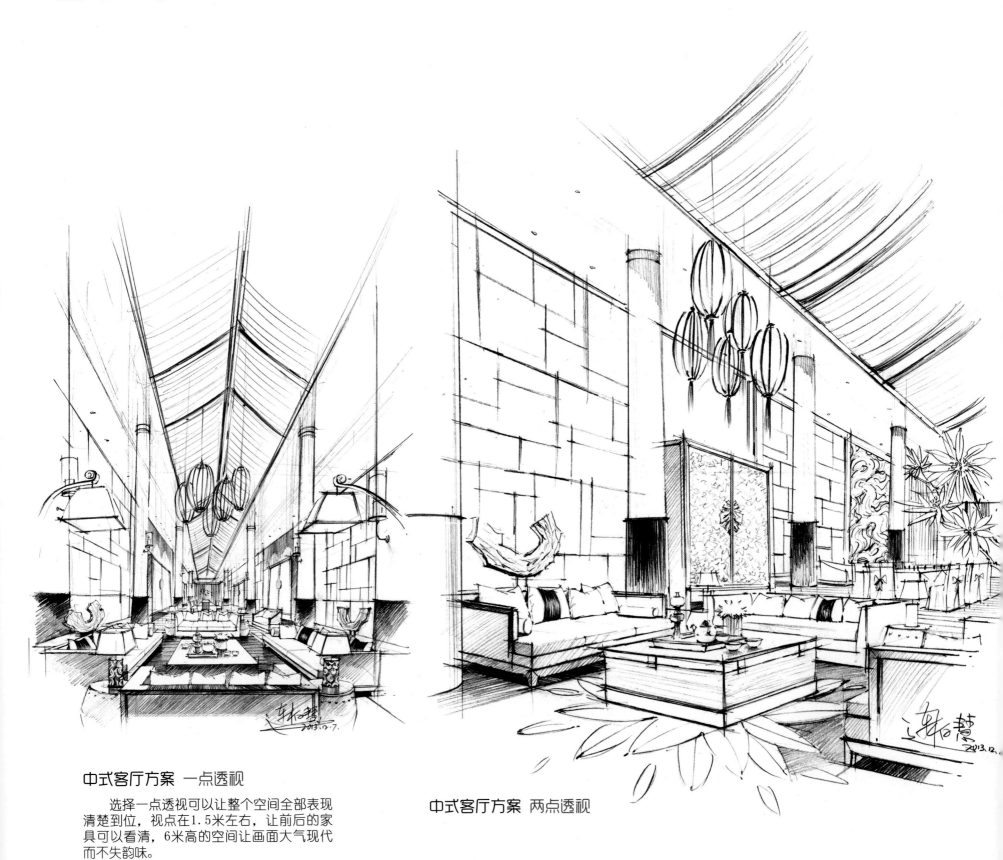

中式客厅方案 一点透视

　　选择一点透视可以让整个空间全部表现清楚到位，视点在1.5米左右，让前后的家具可以看清，6米高的空间让画面大气现代而不失韵味。

中式客厅方案 两点透视

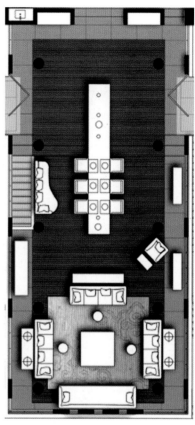

别墅客厅平面布置图

上色步骤 1

灰色与绿色的色差强烈对比，让设计视觉主次分明。从色彩的变化上来讲，一个色系最少要选择三至五种笔做过渡，这样色彩的层次就会更加细腻。

上色步骤 2

　　前后的色彩关系要分明，前面的色彩从层次、笔触、色相都要更加强与明朗一些，后面的需要整体与淡化一些。

局部

上色步骤 3

　　注意前实后虚关系，注重表现出整体空间概念，最后作色彩调整与整体加重。

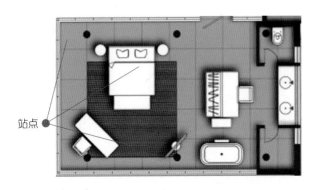

三亚别墅主人房平面布置图

站点

中式主人房方案

　　主材的木质感和明亮灯光的温暖色感，与周围材质形成对比的色调，让黄紫对比色构成了画面色调，稳定的一点透视构图和对比平衡的色块，让画面更加饱和丰满。

53

方案表现

站点

包房平面布置图

空间质感

　　草图推敲在表现中，只需要将空间质感与体量强调出来。注意前后的虚实变化，准确反映空间透视比例、明暗质感及设计概念。

技法表现

　　与素描方法差不多，线条可以来回重复表现，但力度要轻，确认形态后加重强调明暗。铅笔与针管笔不同之处就是铅笔更加容易表现空间层次。

57

方案构思 1

餐厅平面布置图

站点

方案构思 2

黑·白·灰

　　设计之始，用草图的黑白灰调子关系对设计的空间关系进行快速有效的描绘。大空间关系用线条梳理，然后在里面加入设计所需的内容。

东方印象

　　对线稿内容轻描淡写的刻画，是让内容性
很强的画面变得轻松写意的表达形式。着色不
一定要多，但重点渲染的地方应细致刻画。逼
真生动的描写让主要的画面内容从丰富的层次
中跳出来，才是画面控制成功的关键。

2013.11.30.

空间的大关系 梳理

    对大空间表现的要诀在于大关系的梳理，强调空间的前后关系与虚实形态把握，先将大关系作雏形描绘，再步步细化，用笔不要一步画重，而是笔笔加深。不要过于强调细节，透视与比例结构尽可能表现清析即可。

主人房平面布置图

站点

2013.11.24

推敲与分析

　　设计表现是抓住空间的重点，将可能发展的形态演变并刻画出来，从而调整对该空间的设计判断。

　　先将空间关系用线条理顺，然后在里面添加设计所需的"内容"，统一并协调设计手法和元素的匹配。快速草图可以辅助设计师对设计对象进行有效反映。

别墅首层平面布置图

别墅二层平面布置图

别墅三层平面布置图

别墅四层平面布置图

2013.11.25

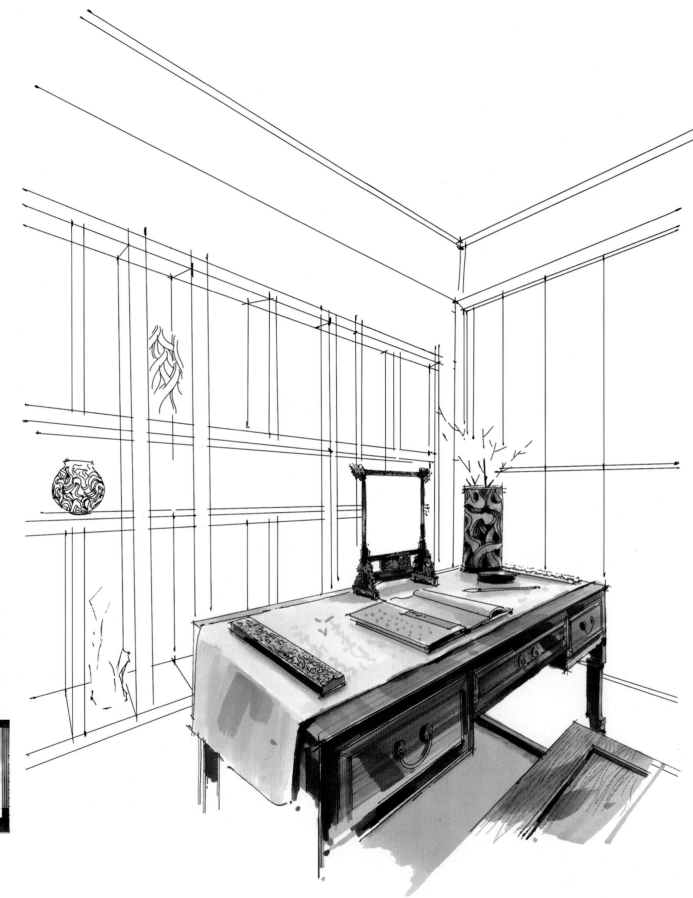

别墅书房方案

　　木材质的表现从淡到深，
要注意留白处理。

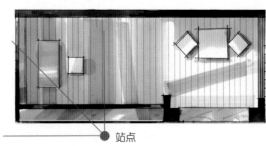

●站点

2013.11.30.

73

作品欣赏

空间思维

　　这是接待前厅初步构思概念图，草草地进行勾画帮助思考，有些小组讨论修改，用手绘进行推敲和进一步研究慢慢积累设计深度形成概念雏形。

Lian.2014.2.3.

89

办公会所方案

XSOME

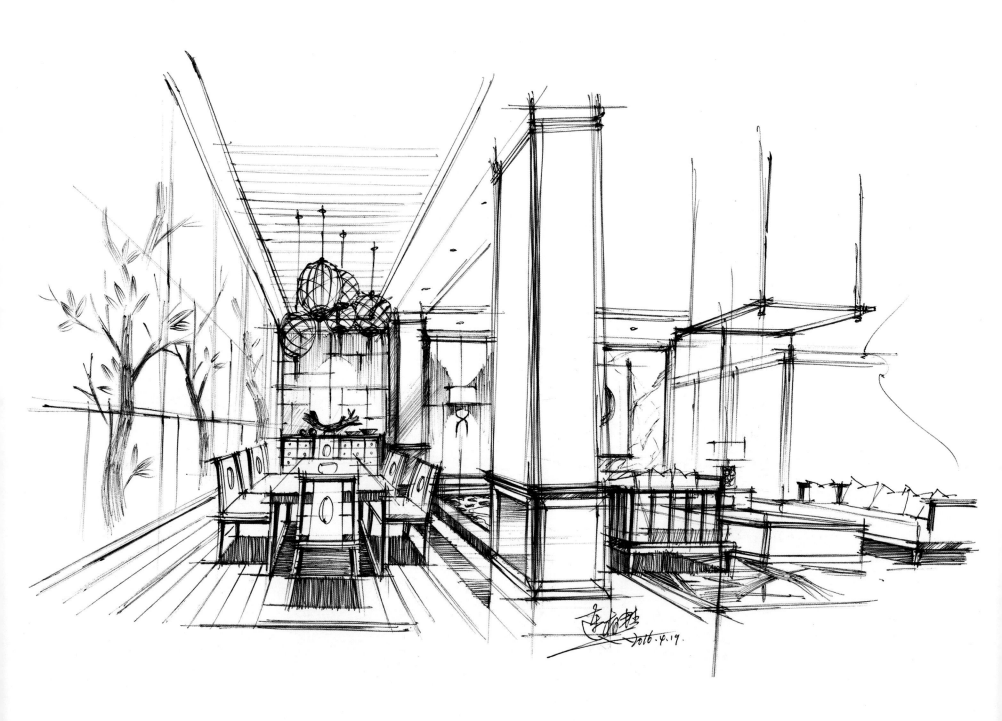

101

2016.2.3.

113

2016.4.21.